RAPPORT

À

L'EMPEREUR

SUR

LE TYPHUS CONTAGIEUX DU GROS BÉTAIL

OU

PESTE BOVINE

PARIS

TYPOGRAPHIE E. PANCKOUCKE ET Ce

13, QUAI VOLTAIRE, 13

1865

RAPPORT

A

L'EMPEREUR

SUR LE TYPHUS CONTAGIEUX DU GROS BÉTAIL

OU

PESTE BOVINE

RAPPORT

À

L'EMPEREUR

SUR

LE TYPHUS CONTAGIEUX DU GROS BÉTAIL

OU

PESTE BOVINE

PARIS
TYPOGRAPHIE E. PANCKOUCKE ET Cᵉ
QUAI VOLTAIRE, 13
1865

RAPPORT

A

L'EMPEREUR

SUR

LE TYPHUS CONTAGIEUX DU GROS BÉTAIL

OU

PESTE BOVINE

Paris, le 5 septembre 1865.

SIRE,

L'Angleterre est depuis le mois de juillet dernier sous le coup d'une épizootie contagieuse, qui, par les proportions qu'elle a prises, revêt aujourd'hui les caractères d'un sérieux danger.

Dès que j'ai eu connaissance de cette

épizootie, j'ai invité deux professeurs de l'Ecole impériale vétérinaire d'Alfort, MM. Bouley et Reynal, à se rendre, le premier dans la Grande-Bretagne, et le second en Allemagne, pour recueillir tous les renseignements qui pourraient nous éclairer sur la nature de la maladie et sur la manière dont elle pouvait avoir été introduite en Angleterre.

En même temps j'ai chargé une commission spéciale d'étudier tout ce qui se rattache à cette épizootie, et de proposer les mesures qui devraient être prises dans le cas où la maladie deviendrait menaçante pour le bétail français (1).

Je viens faire connaître aujourd'hui à

---

(1) Cette commission est composée de :

MM.

De Monny de Mornay, directeur de l'agriculture, président ;

Le docteur Mélier, inspecteur général du service sanitaire ;

Le docteur Tardieu, doyen de la Faculté de médecine de Paris ;

Votre Majesté le résultat des travaux de la commission, et soumettre à l'approbation de l'Empereur les dispositions que me paraît réclamer la situation.

L'épizootie qui règne en ce moment dans la Grande-Bretagne est celle à laquelle les Anglais ont donné le nom de *cattle-plague*, que les Allemands appellent *rinder pest*, et les Français *typhus contagieux du gros bétail.*

Originaire des steppes de l'Europe orientale, le typhus contagieux des bêtes à cornes ne se développe jamais spontanément en dehors de ces régions, quelles que soient d'ailleurs les mauvaises conditions hygiéniques auxquelles les troupeaux de

---

Lecoq, inspecteur général des Ecoles impériales vétérinaires ;
Magne, directeur de l'Ecole impériale vétérinaire d'Alfort ;
Bouley et Reynal, professeurs à la même Ecole ;
Prévost, chef du bureau de l'enseignement agricole et vétérinaire, secrétaire, avec voix délibérative ;
Vanhuffel, rédacteur à la direction de l'agriculture, secrétaire adjoint.

bêtes bovines puissent être exposées.

Cette question d'étiologie, aujourd'hui complétement éclairée grâce aux investigations des maîtres dela médecine vétérinaire en Allemagne et en Russie, a été, de la part du dernier inspecteur général des écoles vétérinaires de France, le savant et regretté M. Renault, l'objet d'un mémoire adressé à mon administration, où toutes les difficultés de ce problème sont traitées et résolues avec une sûreté de vues et une abondance de preuves qui ne peuvent plus laisser subsister aucun doute sur ce point.

Le typhus contagieux des bêtes à cornes est donc pour l'Europe occidentale une maladie *exotique ;* jamais il ne peut s'y développer sous l'influence des causes générales et communes auxquelles on l'avait à tort attribué, lorsque son histoire était moins connue.

L'invasion actuelle de l'Angleterre se rattache à l'importation, dans ce pays, de bestiaux de provenance russe, embarqués au port de Revel, dans le golfe de Finlande, et débarqués dans les docks de la Tamise.

Si la peste bovine n'a qu'un pays d'origine, par contre, ses propriétés éminemment contagieuses en font une maladie essentiellement migratoire ; et son histoire témoigne, par de trop nombreux exemples, de ses débordements répétés sur l'Allemagne, la Hollande, la Belgique, la France, l'Italie, l'Espagne, l'Egypte et l'Angleterre elle-même, malgré le privilége de son isolement.

Dans tous les temps qui ont précédé celui-ci, c'est presque toujours à la suite des mouvements des armées du Nord que la peste bovine s'est répandue en dehors de ce que l'on peut appeler son pays natal; car le déplacement des grandes masses d'hommes que les armées représentent implique de toute nécessité un déplacement correspondant de grandes masses de bestiaux destinés à l'alimentation des premières.

En dehors des temps de guerre, la peste des bœufs s'est quelquefois introduite dans les régions occidentales de l'Europe par les voies commerciales; mais, dans le passé, ce mode d'invasion a toujours été exceptionnel. Et lorsque, grâce aux recherches des savants vétérinaires de l'Allemagne et de la Russie, la notion a été décidément acquise de la nature endémique de cette maladie dans les steppes des provinces russes et hongroises, les gouvernements de la Prusse et de l'Autriche ont pu, jusqu'à ces derniers temps, prendre des mesures efficaces pour en préserver celles de leurs provinces où le typhus n'est pas endémique, et, avec elles, toutes les autres régions de l'Europe.

De fait, par suite de cette protection très-active, une période de cinquante ans s'est écoulée sans que le typhus soit venu nous visiter, tandis que, dans le dernier siècle, cette épizootie s'est montrée dans notre pays presque tous les vingt ans.

Mais les mesures préservatrices employées par l'Allemagne n'ont produit leurs effets que parce que les migrations des troupeaux des steppes s'opéraient par les routes de terre. Aujourd'hui que les moyens de communication entre les différents pays sont devenus si rapides et si faciles, les chances ont beaucoup augmenté pour que le typhus franchisse ou tourne les barrières que l'Allemagne a pu opposer jusqu'à présent à son invasion. Ainsi, par exemple, dans le cas actuel, son introduction en Angleterre dépend de ce que les spéculateurs sur les bestiaux ont trouvé leurs bénéfices à aller faire leurs approvisionnements jusque dans les provinces russes, et à les transporter par les steam-boats jusque sur les marchés anglais, qui leur ont offert des prix suffisamment rémunérateurs. L'Allemagne ayant ainsi été tournée et le voyage du golfe de Finlande aux docks de la Tamise ayant exigé moins de temps que ne dure la période d'incubation du typhus, c'est de cette manière que des bestiaux, portant en eux le germe de cette ruineuse maladie, ont pu être introduits en Angleterre et que ce pays subit, une nouvelle fois, après cent vingt ans, les désastres que l'importation de cette peste lui a infligés en 1745.

En cet état de cause, tous les efforts doivent conspirer à empêcher son invasion par nos frontières, et si malheureusement il parvenait à les franchir, à prévenir son expansion en le circonscrivant et en l'étouffant dans les localités les premières infectées.

Le danger est actuel, l'Angleterre et l'Ecosse sont envahies, et d'après les dernières nouvelles, le fléau vient d'être importé en Hollande par un navire chargé de bestiaux à destination de la Grande-Bretagne et revenu, avec sa cargaison, dans un port de la Hollande, faute d'avoir pu la débarquer en Angleterre, sans doute parce que les inspecteurs préposés à la surveillance des ports ont reconnu l'état maladif des animaux que le navire hollandais se proposait d'introduire. Quoi qu'il en soit des motifs qui ont empêché le débarquement de la cargaison, il paraît certain que c'est par elle que le typhus vient d'être importé dans les Pays-Bas, et il aurait pu l'être tout aussi bien en France si le navire hollandais, repoussé des ports d'Angleterre, avait été attiré vers l'un de nos ports du littoral de la Manche par l'appât d'un prix suffisamment rémunérateur.

Il est donc urgent, soit d'interdire d'une manière absolue l'entrée des ports de la Manche et de la mer du Nord à tous les bâtiments chargés d'animaux de l'espèce bovine quelle que soit leur provenance, soit de subordonner l'introduction des bestiaux, qui seront présentés dans ces ports, à telles mesures qui pourraient être nécessaires pour prévenir l'invasion de la maladie, et il importe que des dispositions semblables soient appliquées à nos frontières du nord et de l'est.

Cependant, malgré toutes ces précautions, l'épizootie peut d'un jour à l'autre être introduite dans nos départements, et le Gouvernement doit aussi se tenir en garde contre cette éventualité; mais il n'est pas nécessaire de recourir à des prescriptions nouvelles à ce sujet.

La police sanitaire, dans ses rapports avec les animaux domestiques, est, en effet, régie par une série d'arrêts du conseil du roi, d'ordonnances royales et d'articles de lois promulgués à différentes époques et inspirés par les nécessités des temps, qui constituent une législation complète sur la matière.

Parmi ces arrêts et ordonnances, il en est un certain nombre qui ont été justement édictés en vue de combattre l'épizootie dont nous sommes actuellement menacés : ce sont les arrêts du conseil du roi du 10 avril 1714, 24 mars 1745,

19 juillet 1746, 18 décembre 1774; l'arrêté du directoire exécutif du 27 messidor an 5 et l'ordonnance du roi du 27 janvier 1815. Ces actes spéciaux, qui sont toujours en vigueur, ont prévu, précisé et prescrit toutes les mesures nécessaires pour prévenir l'expansion du mal dans l'Empire, telles par exemple que la déclaration obligatoire imposée aux détenteurs d'animaux malades; la visite des étables, l'occision des animaux malades et des animaux de même espèce qui ont cohabité avec eux, moyennant une indemnité accordée à leurs propriétaires; la séquestration des bêtes malades et suspectes; la désignation par une marque spéciale de celles qui, momentanément, ne doivent pas être distraites des localités qu'elles habitent; l'interdiction des foires et marchés; la surveillance des pâturages et des abreuvoirs : toutes mesures qui, appliquées avec discernement, peuvent permettre de circonscrire l'épizootie dans

ces localités et prévenir ainsi les pertes si considérables que sa propagation entraînerait. L'expérience des temps passés témoigne de l'efficacité de ces dispositions.

L'administration est donc suffisamment armée pour combattre le typhus à l'intérieur; mais, dans les conditions actuelles qui régissent le commerce extérieur, elle n'a pas le pouvoir nécessaire pour prévenir son importation par nos frontières, et c'est en vue de l'investir de ce pouvoir que j'ai l'honneur de soumettre le décret ci-joint à la sanction de Votre Majesté.

Je suis, avec le plus profond respect,

Sire,

De Votre Majesté,

Le très-humble et très-obéissant serviteur et fidèle sujet,

Le ministre de l'agriculture, du commerce et des travaux publics,

ARMAND BÉHIC.

NAPOLÉON,

Par la grâce de Dieu et la volonté nationale, Empereur des Français,

A tous présents et à venir, salut :

Sur la proposition de notre ministre de l'agriculture, du commerce et des travaux publics;

Considérant que la peste bovine, *rinder-pest* des Allemands, *cattle-plague* des Anglais, plus généralement connue en France sous le nom de *typhus contagieux des bêtes à cornes*, règne dans plusieurs Etats du nord et de l'est de l'Europe;

Que cette épizootie est essentiellement contagieuse; que la rapidité actuelle des communications peut favoriser son importation en France par des bestiaux provenant des pays infectés;

Vu l'article 1er de l'ordonnance du roi du 6 janvier 1739;

Vu la loi du 6 octobre 1791, titre 1er, section 4, article 20,

Avons décrété et décrétons ce qui suit :

Art. 1er. L'importation en France des animaux domestiques dont l'entrée présenterait des dangers au point de vue du *typhus contagieux*, pourra être interdite ou subordonnée à telles mesures qui pourraient être nécessaires pour prévenir l'invasion de la maladie.

Art. 2. Des arrêtés de notre ministre de l'agriculture, du commerce et des travaux publics détermineront les frontières ou portions de frontières où l'introduction et le passage en transit des animaux domestiques pourront être interdits, et les conditions auxquelles cette introduction et ce passage pourront être autorisés.

Art. 3. Notre ministre de l'agriculture, du commerce et des travaux publics est chargé de l'exécution du présent décret.

Fait au Palais de Fontainebleau, le 5 septembre 1865.

NAPOLÉON.

Par l'Empereur :

Le ministre de l'agriculture, du commerce et des travaux publics,

ARMAND BÉHIC.

ARRÊTÉ.

Le ministre de l'agriculture, du commerce et des travaux publics,

Vu le décret du 5 septembre 1865,

Arrête ce qui suit :

Art. 1er. L'introduction en France et le transit des animaux de l'espèce bovine, ainsi que des cuirs frais et autres débris frais de ces animaux sont absolument interdits par les ports du littoral, depuis et y compris Nantes jusqu'à Dunkerque, et par les frontières du nord et de l'est de la mer au Rhin.

Art. 2. L'introduction en France et le transit des animaux de l'espèce bovine, ainsi que des cuirs frais et autres débris frais de ces animaux, provenant d'Angleterre, de Hollande et de Belgique, sont absolument interdits par tous les ports et bureaux de douane de l'Empire.

Art. 3. Dans tous les autres ports et bureaux de douane que ceux auxquels s'applique l'article 1er du présent arrêté, les animaux de l'espèce bovine importés d'autre provenance que d'Angleterre, de Hollande et de Belgique, devront être préalablement visités par des agents spéciaux. Ceux qui seront reconnus sains seront admis. Ceux qui seront reconnus malades ne seront pas admis. Ceux qui seront seulement suspects ou qui auront cohabité avec des animaux reconnus malades, seront placés en observation pendant dix jours dans un lieu suffisamment isolé, et ne pourront être admis qu'autant qu'il sera bien constaté qu'ils ne présentaient aucun symptôme se rattachant au typhus contagieux.

Art. 4. Les préfets des départements sont chargés, chacun en ce qui le concerne, de l'exécution du présent arrêté.

Fait à Paris, le 6 septembre 1865.

Armand Béhic.

Paris. — Typographie E. Panckoucke et Ce, quai Voltaire, 13.

www.ingramcontent.com/pod-product-compliance
Ingram Content Group UK Ltd.
Pitfield, Milton Keynes, MK11 3LW, UK
UKHW012312240726
13966UKWH00005B/1819